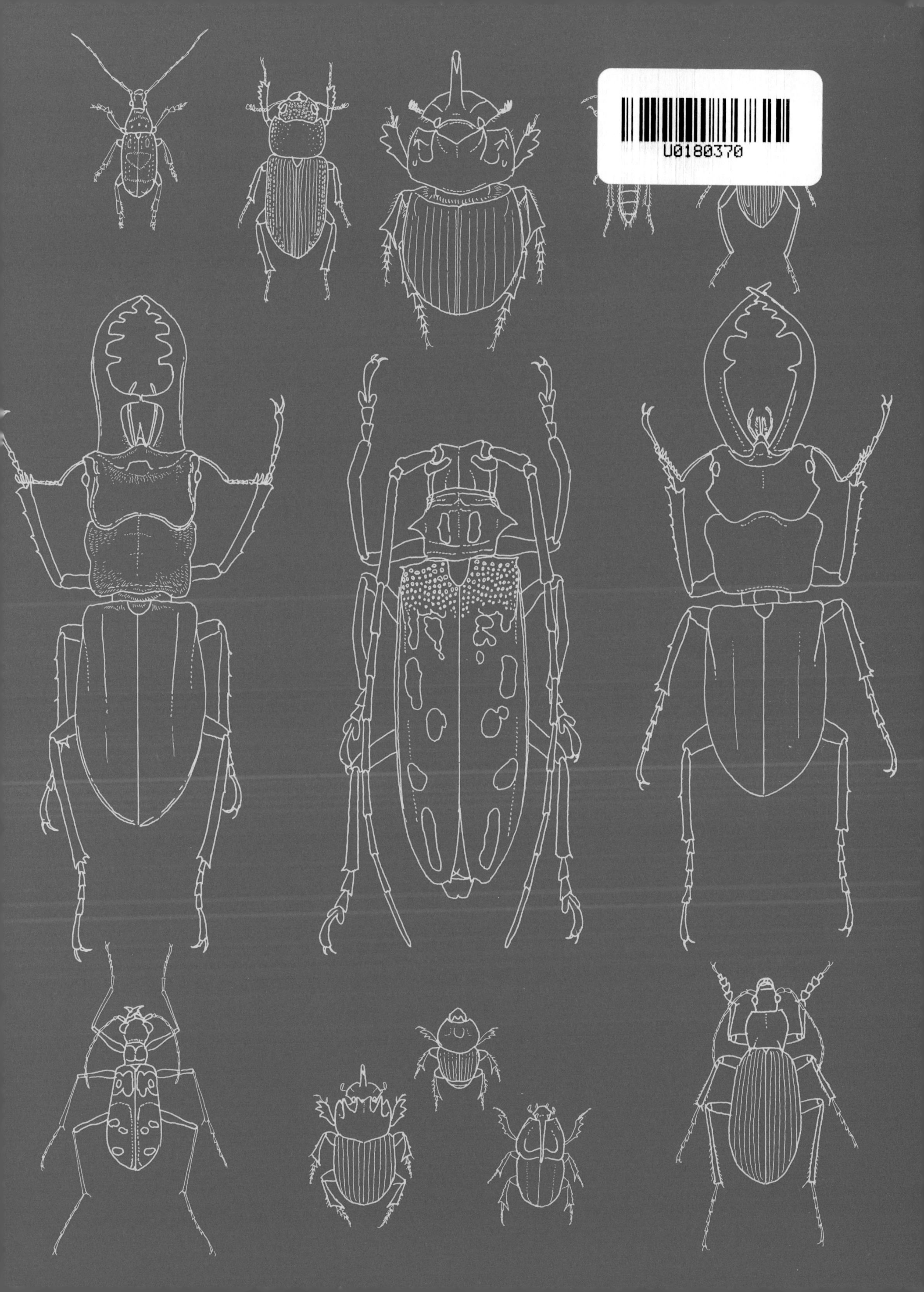

盛口满 大自然太有趣啦

土壤之中有什么？

[日] 谷本雄治 著　[日] 盛口满 绘　郭昱 译　常凌小 审

電子工業出版社
Publishing House of Electronics Industry
北京·BEIJING

黑色的落叶，茶色的落叶，杂木林的地面上，积累着厚厚的落叶。

把落叶一层一层翻开，越往下翻，底下的落叶变得越发黑且破碎。

落叶会腐烂变成泥土，给草木提供营养。

而落叶之所以能够变成泥土，是多亏了生物的作用。

各种生物齐心协力，共同制造供给草木的泥土。

在整个过程中，每一种生物都扮演着自己的重要角色。

被啃咬、吞下、弄碎的落叶，最后都变成了合适的泥土。

枯木、枯叶甚至是小动物的尸体，不久也会全部变成泥土。

所以杂木林的泥土，是营养丰富的泥土。

看！就在覆盖地面的落叶下方，

各种生物还在孜孜不倦地制造泥土呢。

迷你“犰狳”

球鼠妇（卷甲虫）是一类身着漂亮盔甲、能蜷缩成一团的人气很高的生物。
虽然球鼠妇也吃绿叶，但它们最爱吃的是开始腐烂的黄色落叶。
一旦吃了树叶后排出粪便，同类就会循着粪便的气味聚集过来。
和球鼠妇很相似的鼠妇最后也会过来，然后大家一起吃这些大大的树叶。
叶子被越吃越小，成为更小生物的饵食。
球鼠妇是会反复蜕皮的生物，所以当身体长大、外皮小了的时候，它就开始蜕皮。
最开始是身体前半部蜕皮，不久之后，身体后半部也会蜕皮。
球鼠妇会把蜕下来的皮吃掉转化为营养，然后继续工作，把叶子转化为泥土。

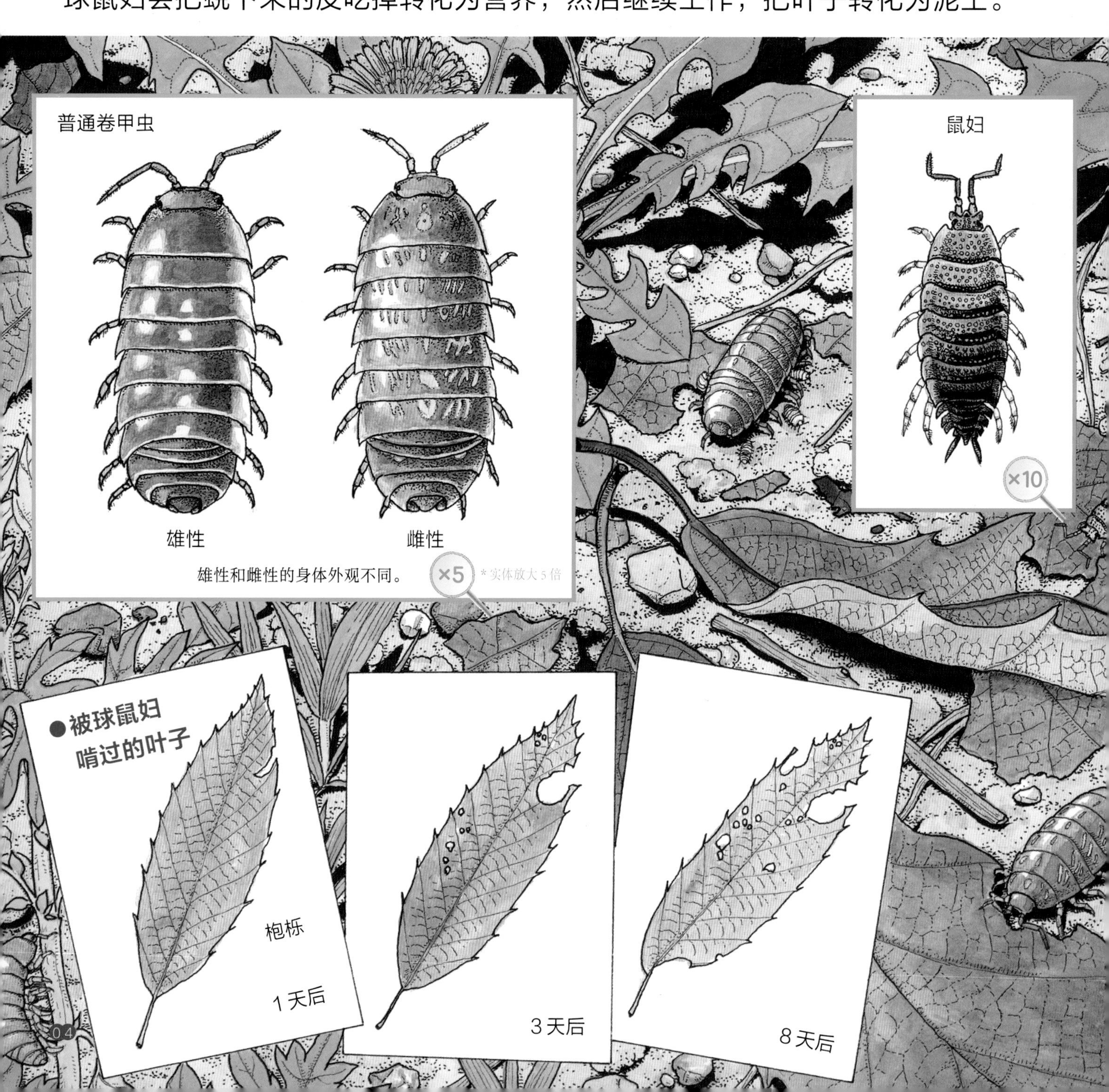

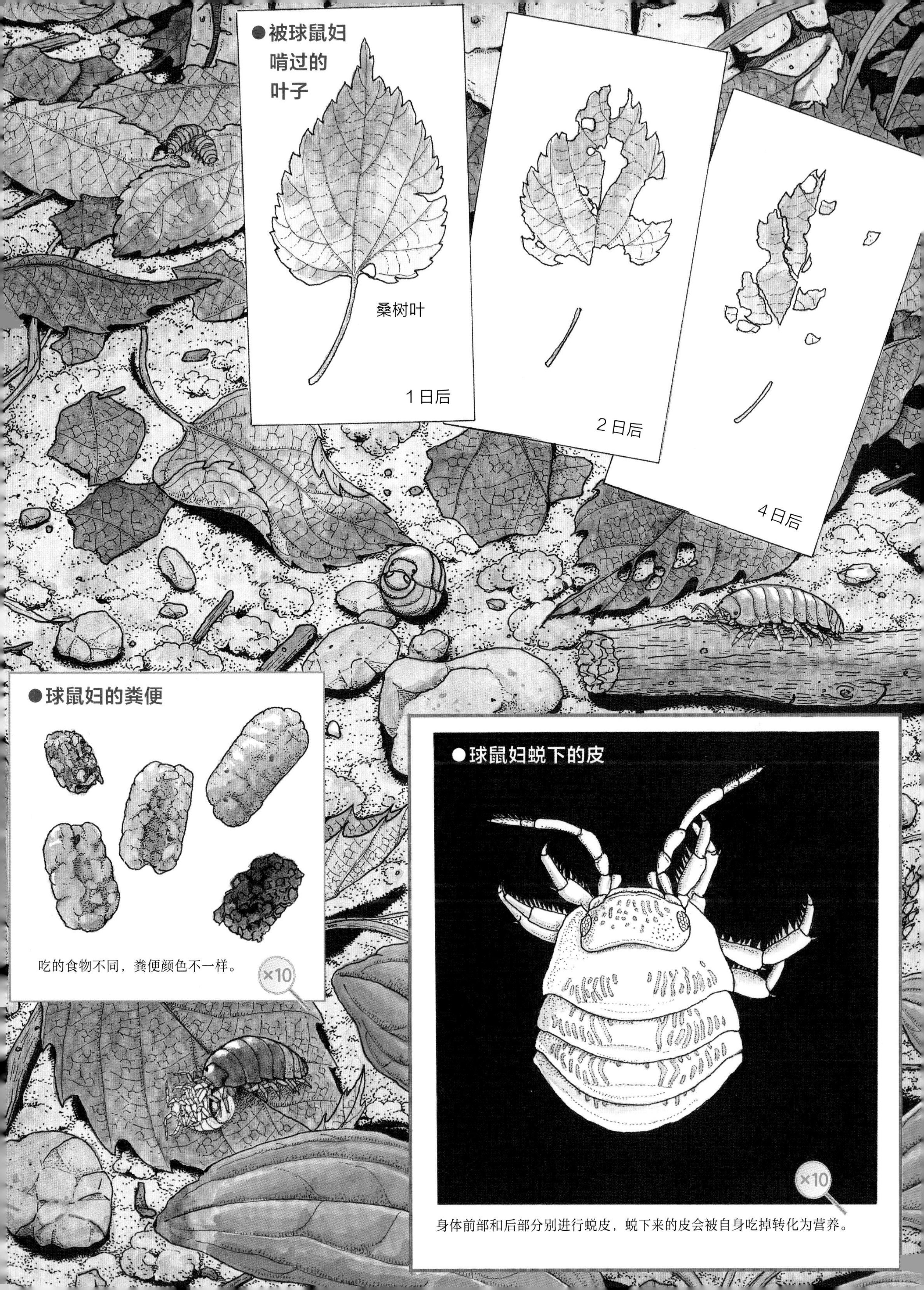
●被球鼠妇啃过的叶子
桑树叶
1日后
2日后
4日后
●球鼠妇的粪便
吃的食物不同，粪便颜色不一样。
×10
●球鼠妇蜕下的皮
×10
身体前部和后部分别进行蜕皮，蜕下来的皮会被自身吃掉转化为营养。

优秀的清洁工

当发现貉的粪便时，粪金龟会把粪便埋进地里。它先把粪便弄散，再拖入土里，然后在土里的洞穴中，享用它的“战利品”并以此养育幼虫。虽然它和常见的金龟子同属于金龟子家族，但粪金龟的头很平，前足外侧呈锯齿状。粪金龟们会娴熟地使用头和足挖掘洞穴，把粪便弄成小块，就像人类使用刀叉一样。另外，它们还会收拾腐烂的树木、果实和野兽的尸体。粪金龟真是优秀的清洁工！

●各种粪金龟

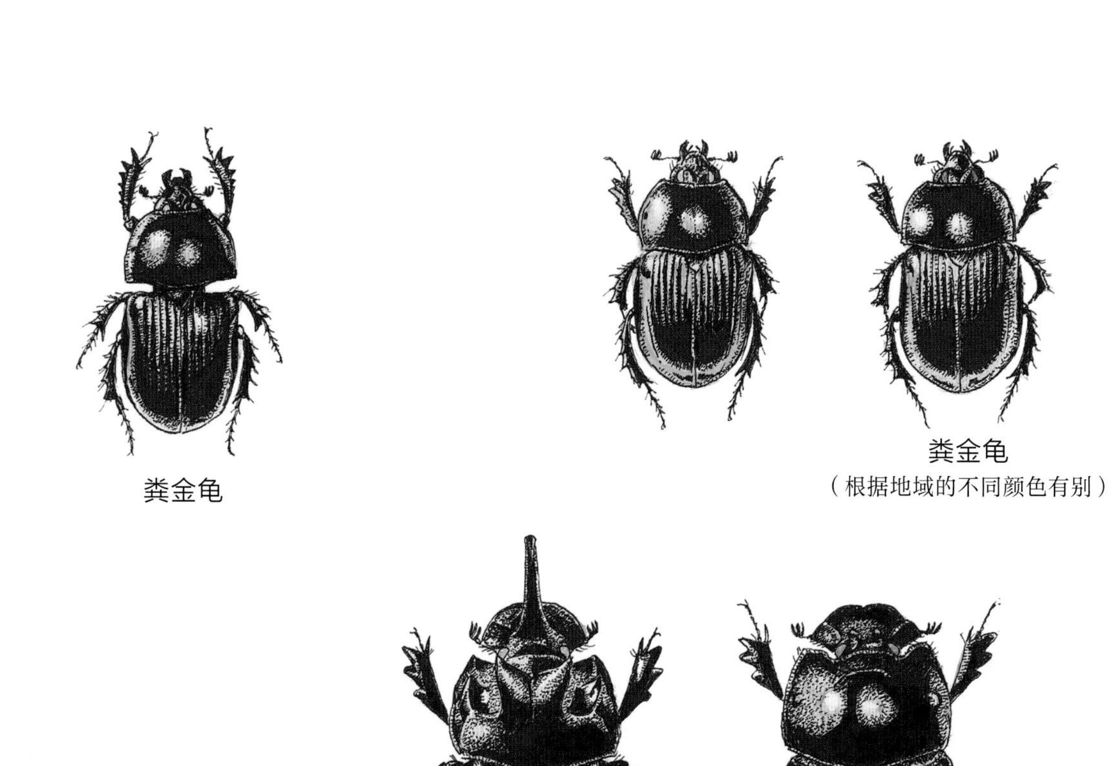

粪金龟

粪金龟
（根据地域的不同颜色有别）

雄性

臭蜣螂

雌性

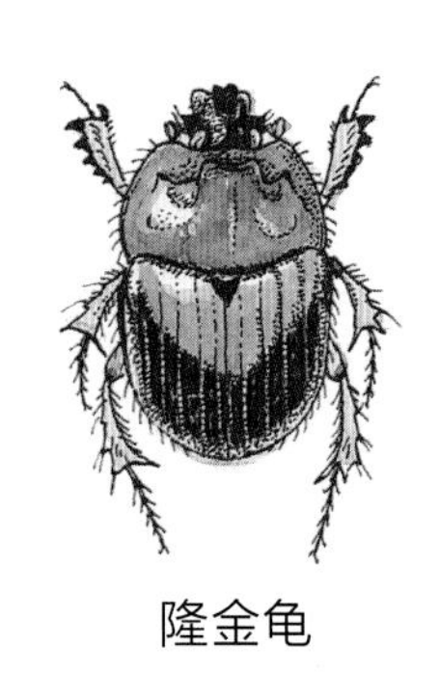

隆金龟

阿枯蜣螂

凹背利蜣螂

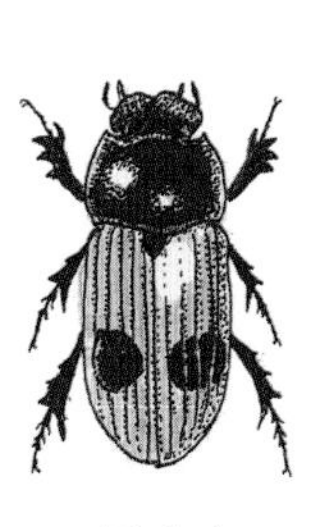

蜉金龟

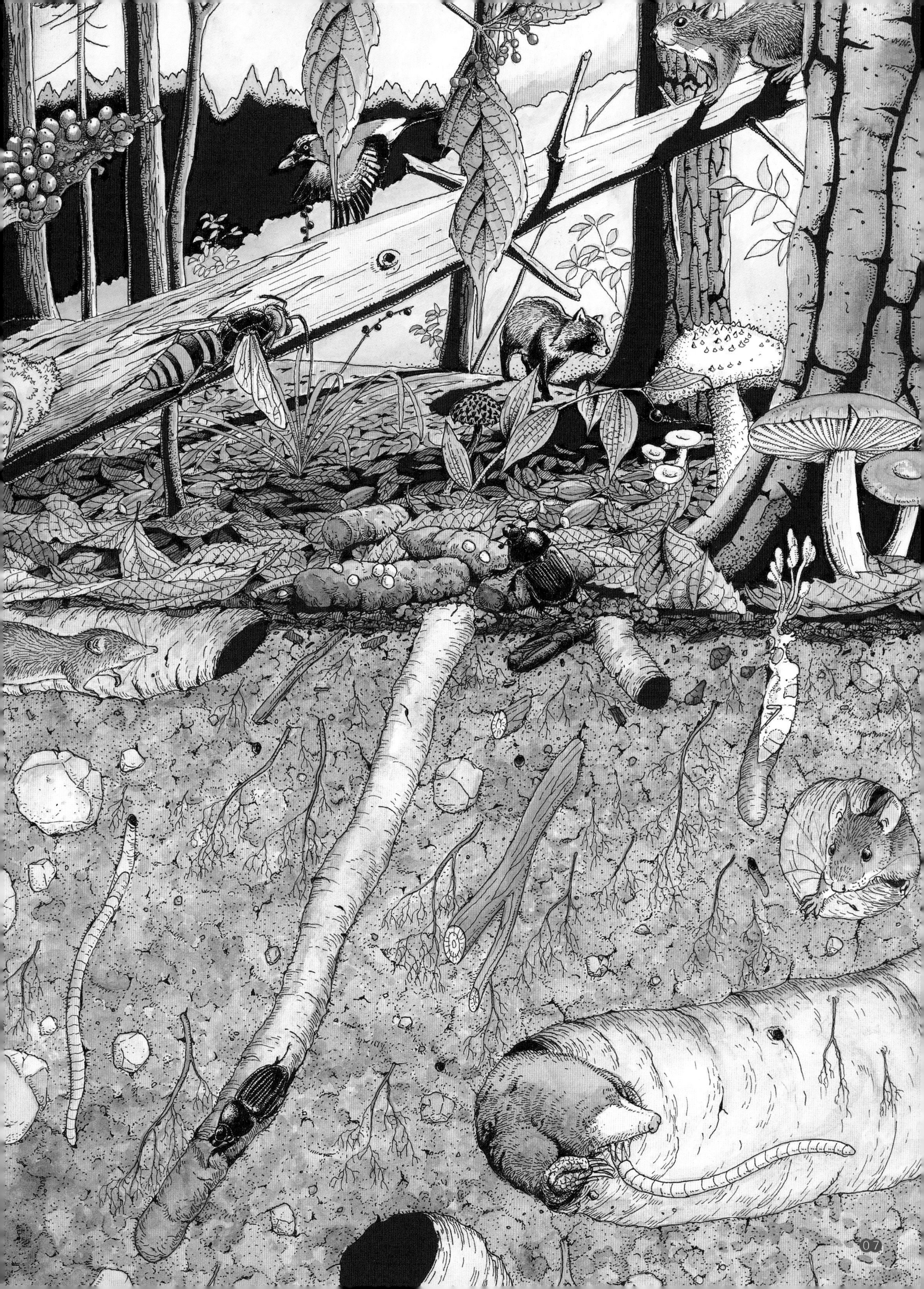

贪吃的“包子虫”

独角仙的幼虫，食量很大，肚子肥嘟嘟的，感觉就像是塞满了馅一样。因此就有了“包子虫”这个俗名。幼虫吃了腐烂的落叶，会不断排出粪便。树木吸收了粪便的营养，作为回馈，它们会分泌甜甜的树汁。而吸食树汁的成虫产下卵，孵化后的幼虫又以落叶为食并排出粪便。持续长大的幼虫不断排出粪便。如果弄碎幼虫粪便，还能闻到森林里独有的淡淡香味。

●虫子的食物和它的粪便

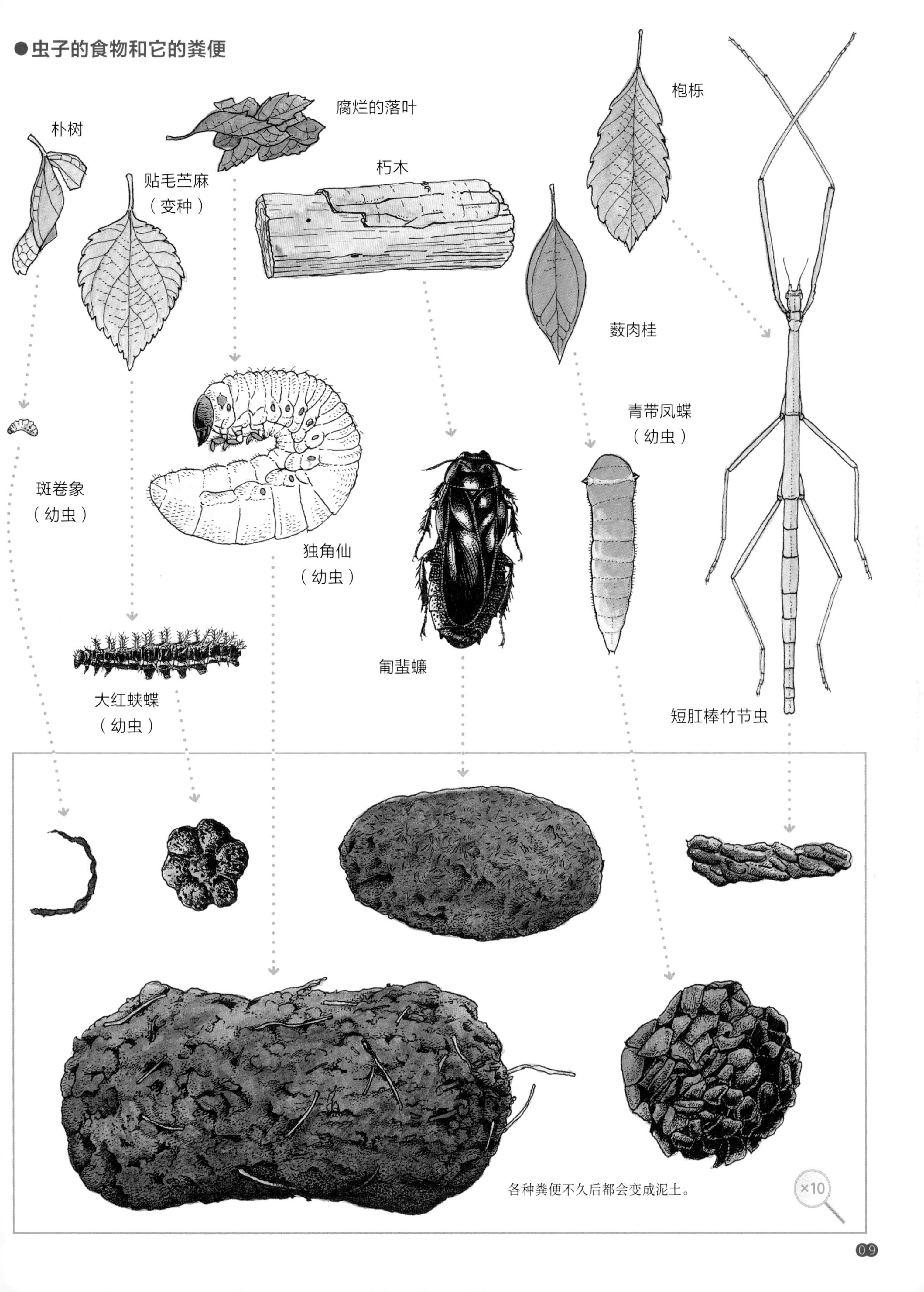

各种粪便不久后都会变成泥土。

杂木林的“铁甲战士”

落叶、朽木、动物的残体……杂木林里滚落着各种东西。甲虫们则是负责把这些东西清理、咬碎、舔食、肢解，以及拖入土里。虽然是为了自己的食物而工作，但也同时完成了制造泥土的过程。埋葬虫、食菌甲虫、金龟子、食蜗步甲……杂木林是它们的工作场所。许多“铁甲战士”在它们像铠甲一样坚硬的鞘翅内侧，隐藏着飞翔用的后翅。当完成了一件工作后，“铁甲战士”就会打开翅，飞到下一个工作地点。而没有翅的“铁甲战士”，则在地面上一边爬行，一边寻找工作。

一种蜈蚣

×20

多足

某些种类的马陆，足的数量可多达 200 只。而蜈蚣中，甚至有长着超过 300 只足的种类。

肉食性蜈蚣的食物是野兽的尸体或者是小型生物。

以植物残体为食的马陆，是生态系统中物质分解的“加工者”之一。吃完食物之后，无论是马陆还是蜈蚣，都会进行排便。

这些粪便也会被充分利用，比如被蚯蚓和甲螨吃掉。

杂木林中的不同生物，总会在某些方面有着或多或少的关联！

下一页

从左往右依次是
多节日本带马陆
一种奇马陆
一种石蜈蚣
一种长头地蜈蚣

神秘的“围巾”

蚯蚓既没有眼睛，也没有腿脚。

它好像连接起来的许多根橡皮筋，弯弯曲曲的，光滑又黏腻。然而，在看起来黏滑的身体上，却长着一些细毛——“刚毛”。那些刚毛像锋利的爪子一样，一侧伸出后另一侧缩回，同时又能像刹车一样帮助蚯蚓停下来。

蚯蚓的身体是雌雄同体，当它发育成熟时，其生殖系统——模样像“围巾”的环带也成熟了。将蚯蚓的“围巾”脱下来，就能看到里面包裹的柠檬状的卵囊。一个卵囊里一次能孵出好几只小蚯蚓。

中国约有 200 多种蚯蚓。有时候，蚯蚓明明就在我们眼皮底下生活，但我们却对它知之甚少。

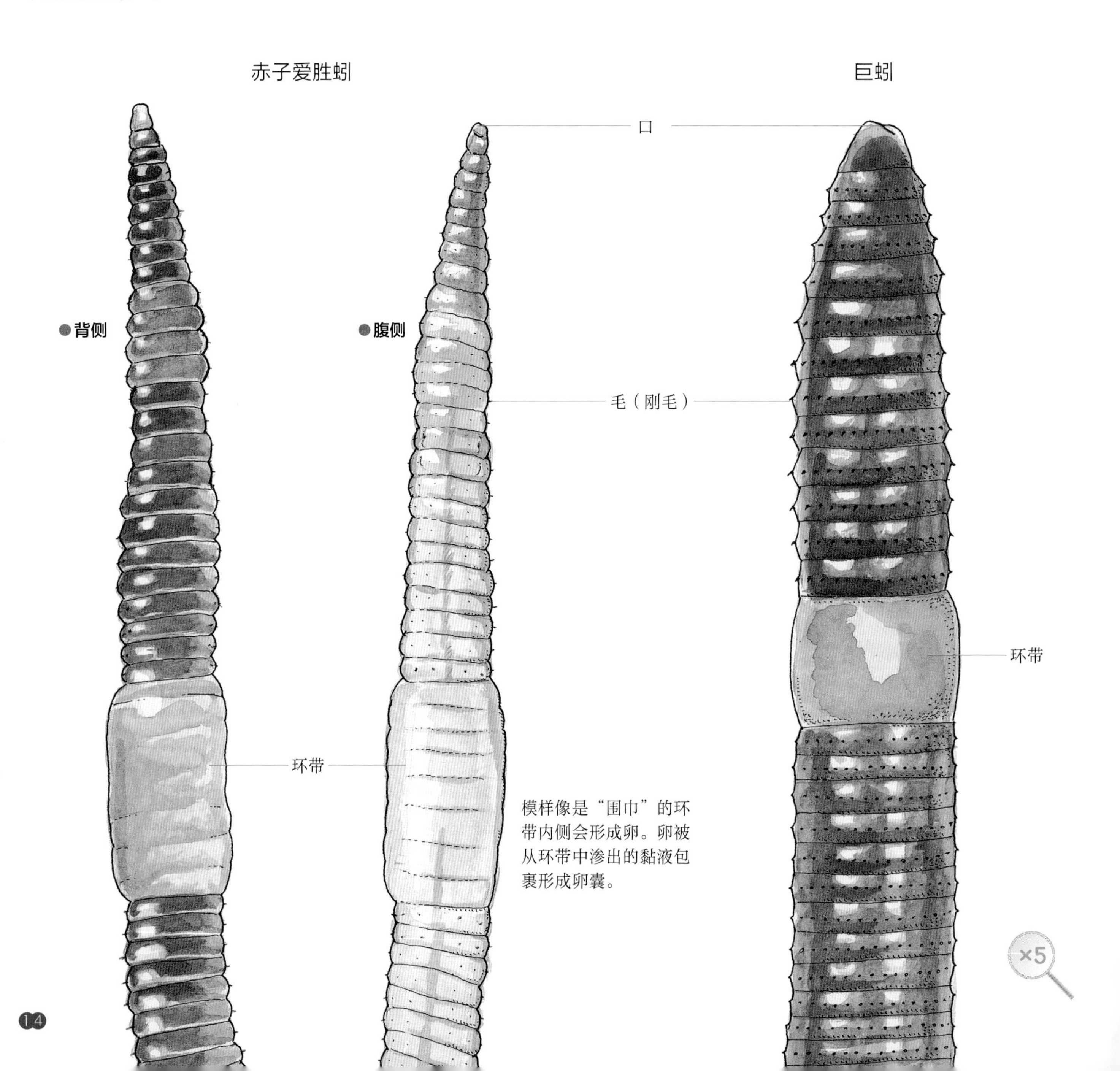

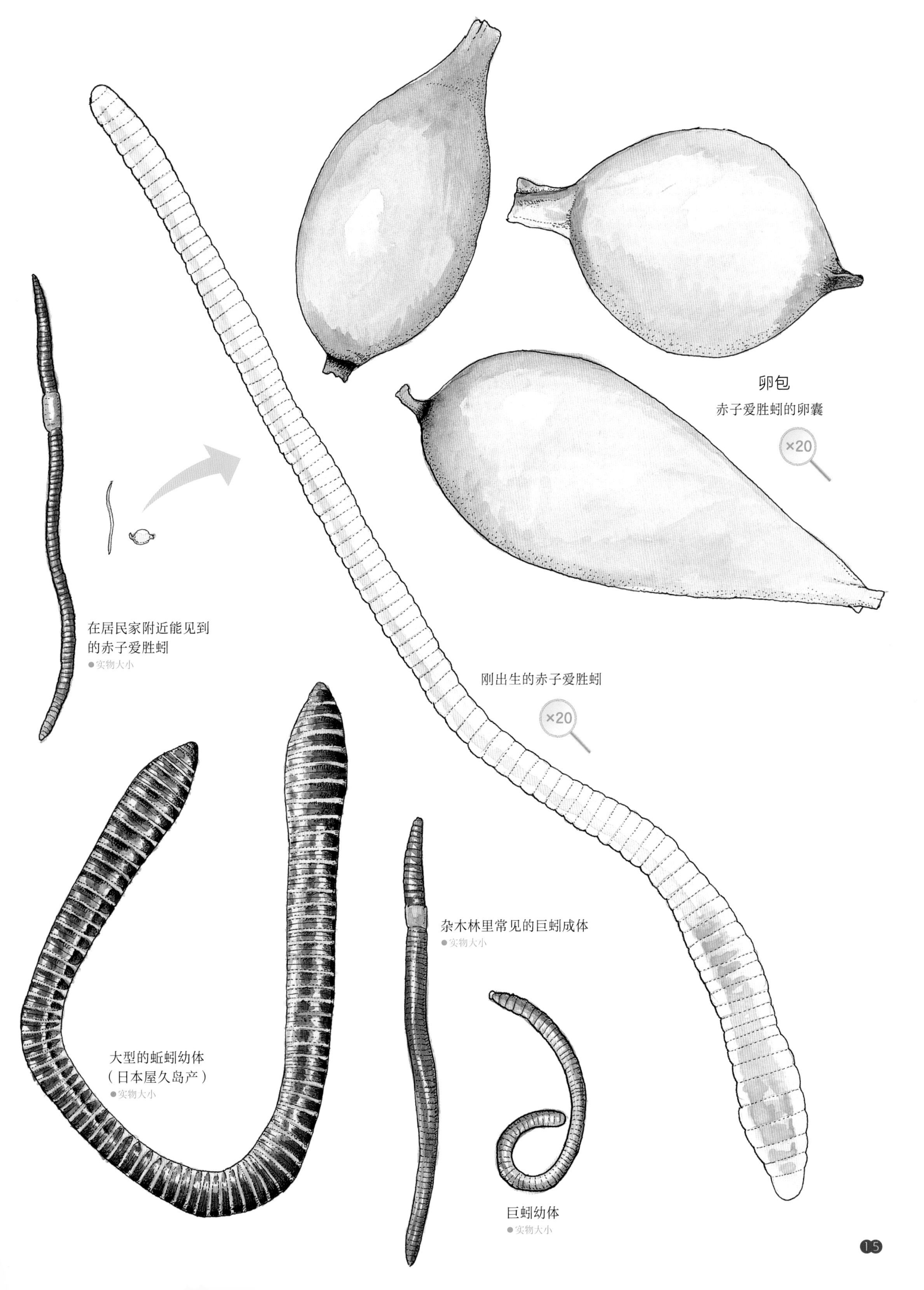
卵包
赤子爱胜蚓的卵囊
×20
在居民家附近能见到
的赤子爱胜蚓
●实物大小
刚出生的赤子爱胜蚓
×20
杂木林里常见的巨蚓成体
●实物大小
大型的蚯蚓幼体
（日本屋久岛产）
●实物大小
巨蚓幼体
●实物大小

日夜不休的翻耕机器

蚯蚓不眠不休地工作，对土地进行翻耕，让土地保持通气和透水性。
蚯蚓会把枯草、落叶和动物粪便等拖入洞穴中，好好享受这些美食，再排出粪便。排便时会把屁股露出来贴在地面上，像画圆圈一样地拉便便。它的粪便里有很多细小的缝隙，可以储存营养成分和水。这些缝隙也成为了微生物们的住处。
一旦遇到鼹鼠，蚯蚓就会被吃掉，然而蚯蚓并不会因此而消失。
比起鼹鼠，蚯蚓增加的数量更为庞大。而且它们在很久之前就是第一批在地下工作的动物。

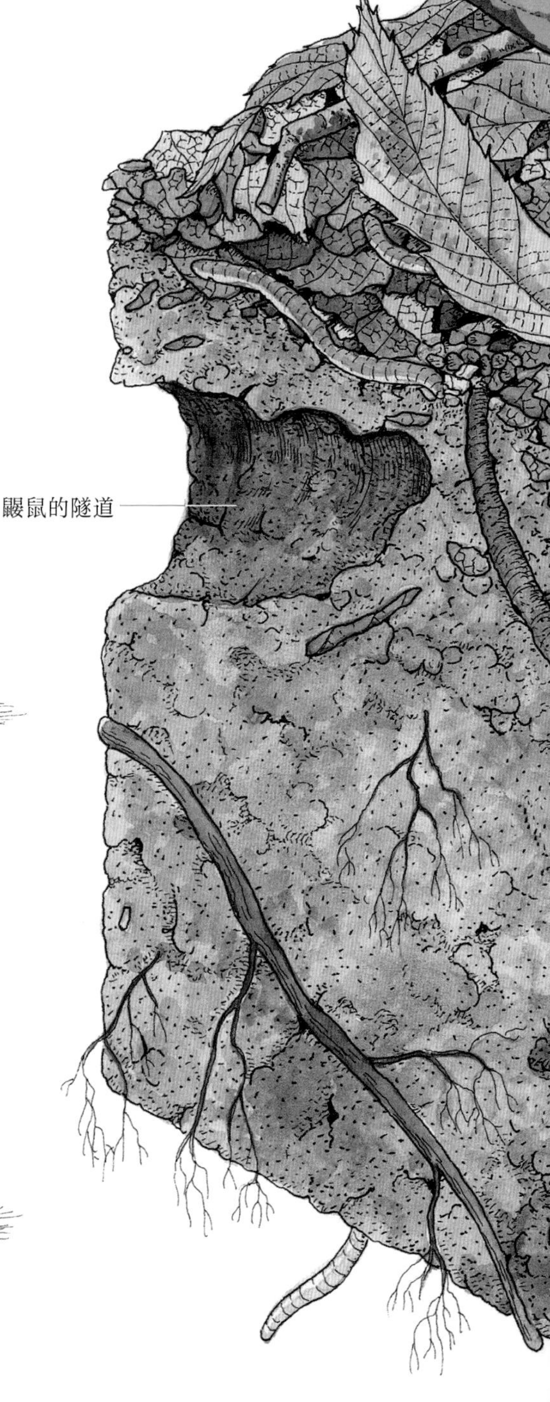

●蚯蚓的天敌——鼹鼠

●前视

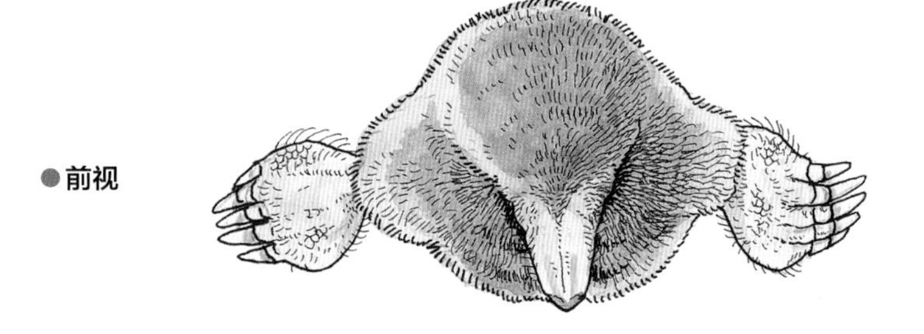

日本关东至日本东北地区分布的日本鼹。

●俯视

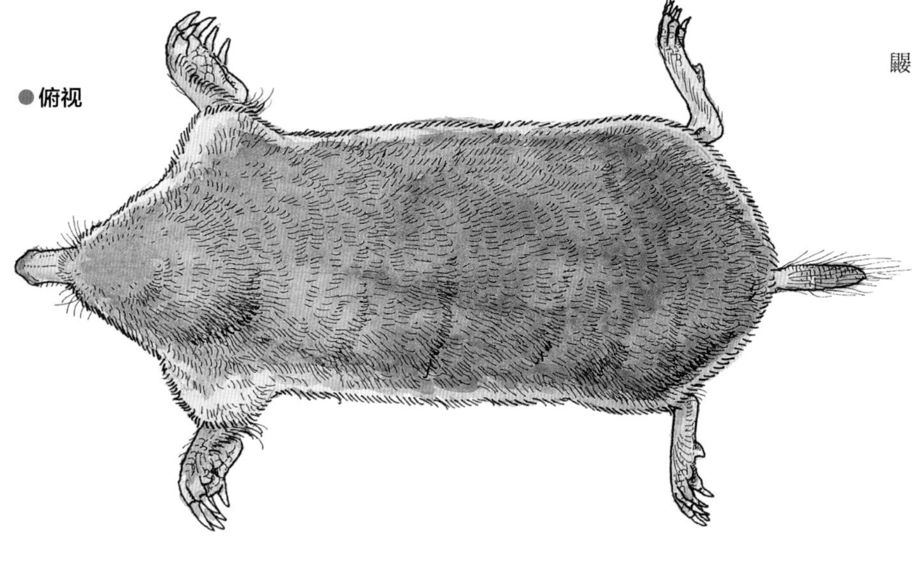

用一对大前掌掘土，靠灵敏的鼻子搜寻蚯蚓。

●侧视

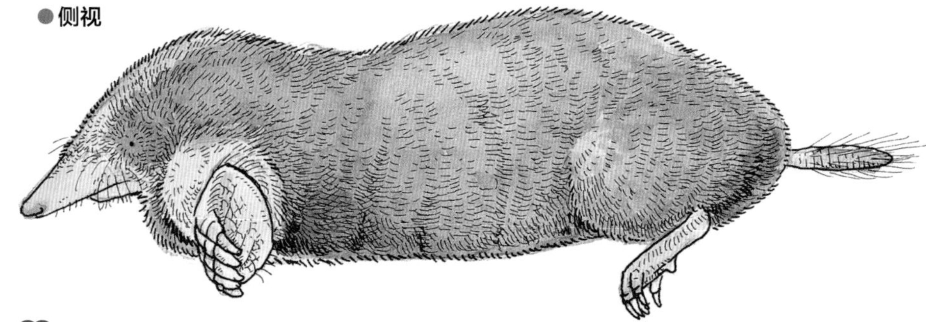

●蚯蚓的粪块

蚯蚓会把自己的粪便弄成块，这被称为粪块。

巨蚓的大型粪块

●俯视

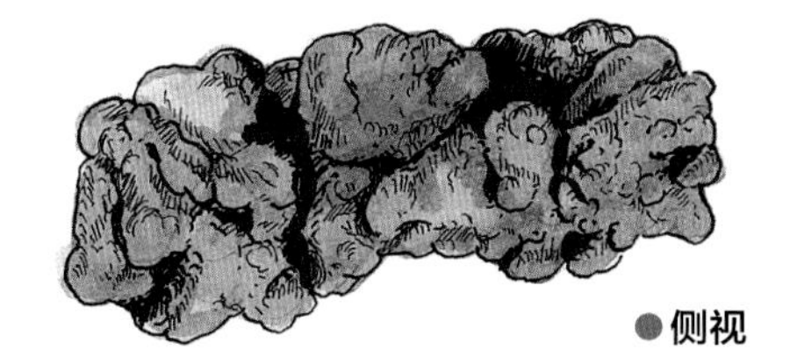

●侧视

杂木林的泥土表面突起的粪块

●俯视

●侧视

湿地的泥土表面突起的粪块

●俯视

落叶底下的松散的粪块

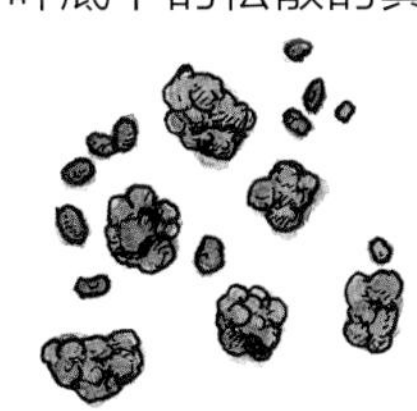

粘土质的泥土的粪块

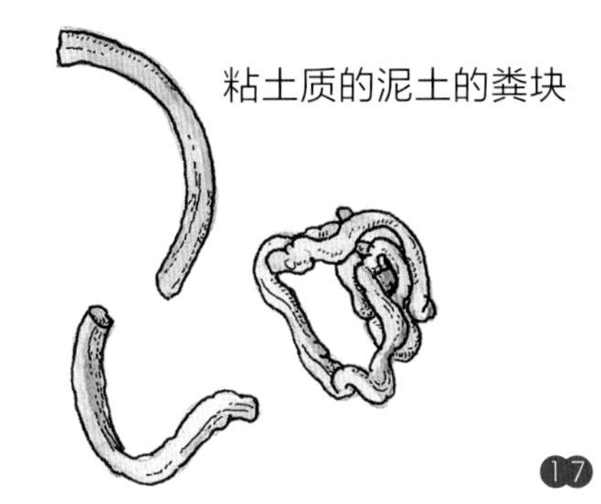

正义的蜱螨

杂木林里是不存在浪费的。
蚯蚓的粪便和行动通道会被甲螨充分利用。
虽然属于蜱螨类，但甲螨站在“正义的一方”。
它们的食物是开始腐烂的树叶和蚯蚓粪便里的养分。
某些种类的甲螨会以大型菌类为食，这样还可以帮助植物预防因菌类导致的疾病。
甲螨的食物残渣会被人眼看不见的微生物所利用。
蚯蚓、甲螨和微生物共享森林资源，同时也让植物更健康。

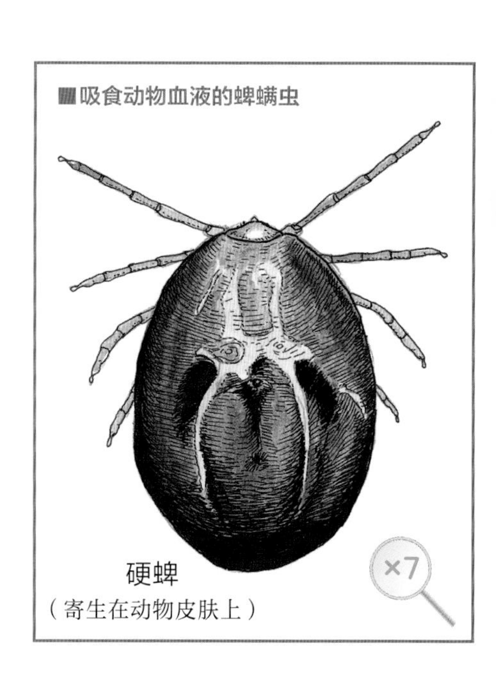

硬蜱
（寄生在动物皮肤上）

●生活在土壤里的蜱螨

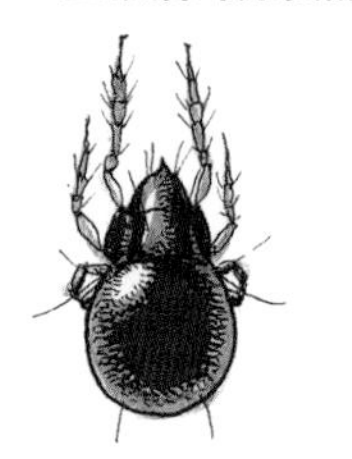
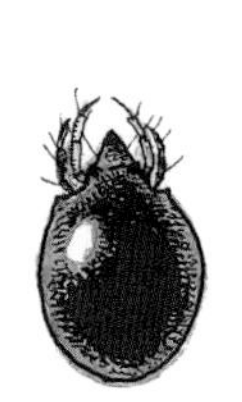
甲螨

■以其它微小生物为食的蜱螨

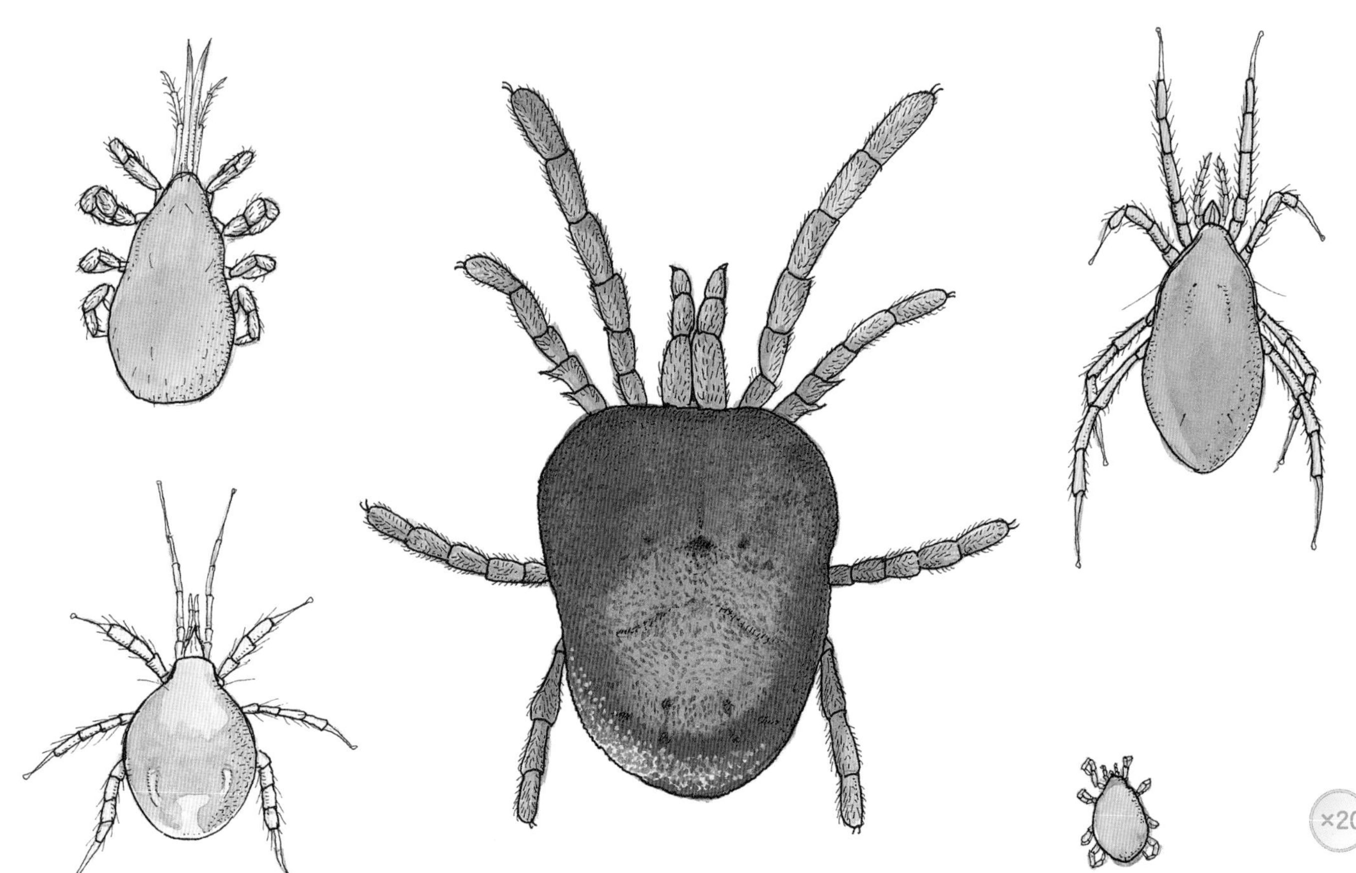

落叶上的甲螨

甲螨在休息的时候会把足缩起来，看起来就像胶囊一样的球形。甲螨的体型大约长 0.7 毫米。

跳跃高手

从落叶下方“嗖”地一下跳出来的虫子被称作“跳虫”。

它的名字就是这么来的！

红的、白的、疙疙瘩瘩的、爱哭鬼脸的……跳虫的种类和数量都很多。

原始昆虫虽然没有翅，但仍然有 6 条腿，会产卵及蜕皮。

它们的食物，包括杂木林里的落叶和大型菌类。

●杂木林落叶底下的跳虫和小型生物等

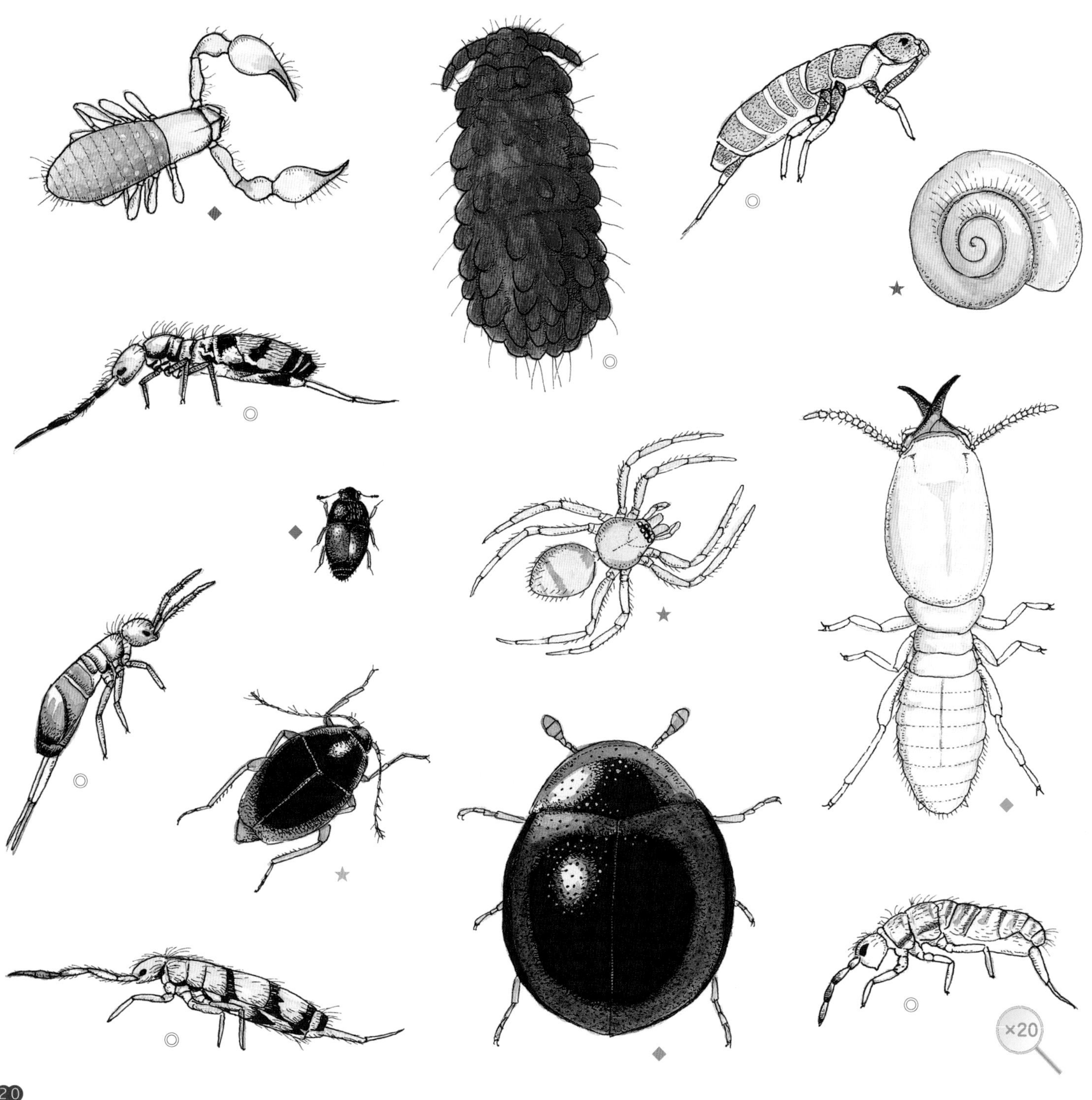

伪蝎和瘤颚蚁会捕食这些跳虫。
无论怎样出色的劳动者，都是生活在“吃”或者“被吃”的世界。

8 条腿的“不死之身”

缓步动物的身体非常小，有着不到 1 毫米的迷你身板，以及 8 条腿，每条腿的前端都有爪子；它们耐热，即便是 150℃也能存活；也耐寒，零下 200℃也不会死。它们虽然很小，但比熊还要强壮。它们的食物包括落叶和苔藓，通过排便返还给泥土。杂木林的地面上生长着许多苔藓，缓步动物就在这种环境里安静地生存。如果苔藓森林的环境变差，缓步动物就会休眠，甚至能超过 100 年。不可思议吧！缓步动物简直就是“不死之身”啊！

缓步动物

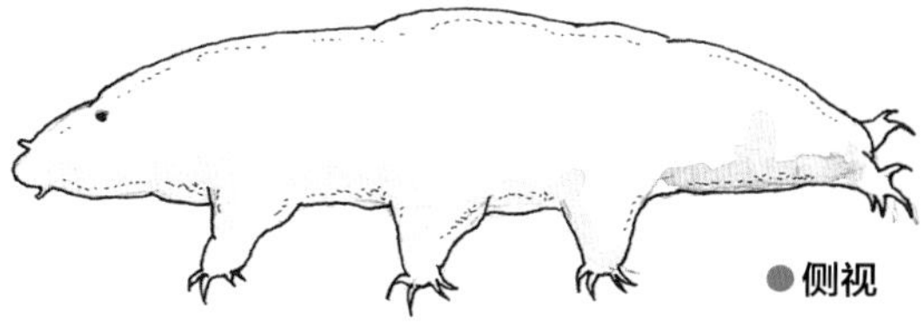

●侧视

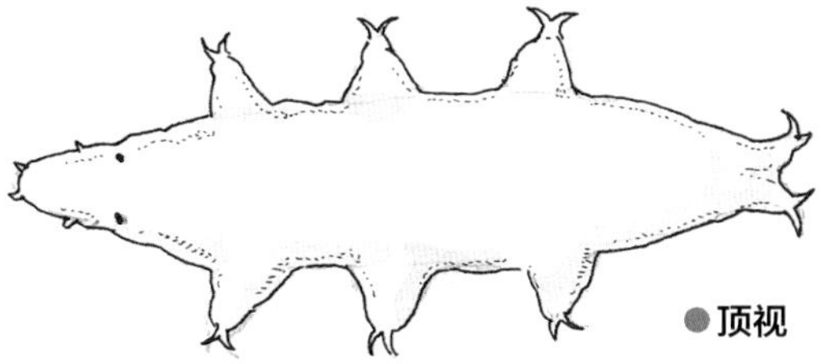

●顶视

产在蜕壳里的缓步动物的卵

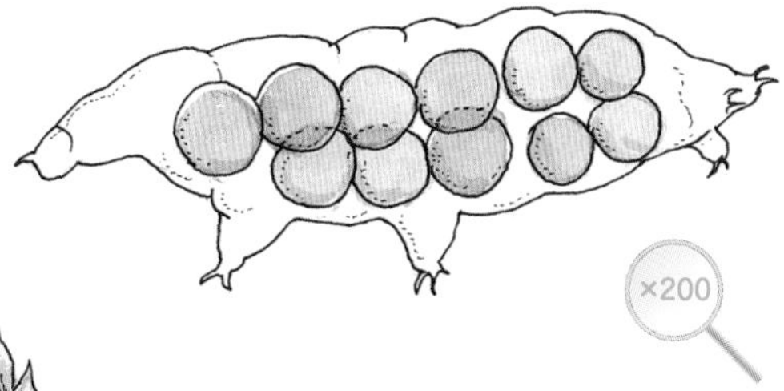

×200

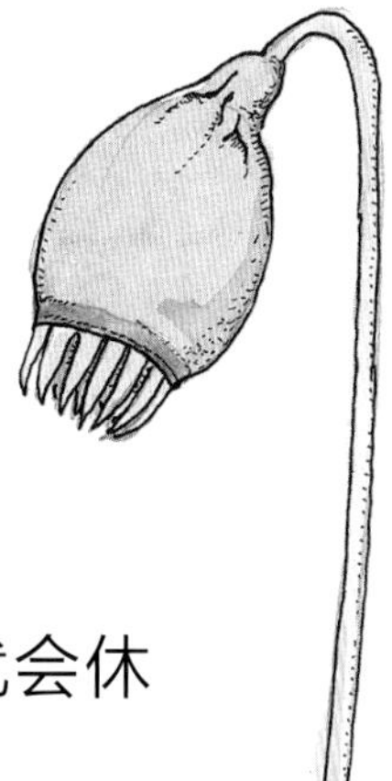

前一页

苔藓密林——丛林底下的另一个密林
东亚小金发藓、短颈藓、蛇苔、桧藓、密叶绢藓、南方小锦藓等。

●实物大小

银叶真藓

缓步动物

线形动物

×20

不仅仅在杂木林里，即便是生长在城市道路边上的银叶真藓上面，也可以找到缓步动物。

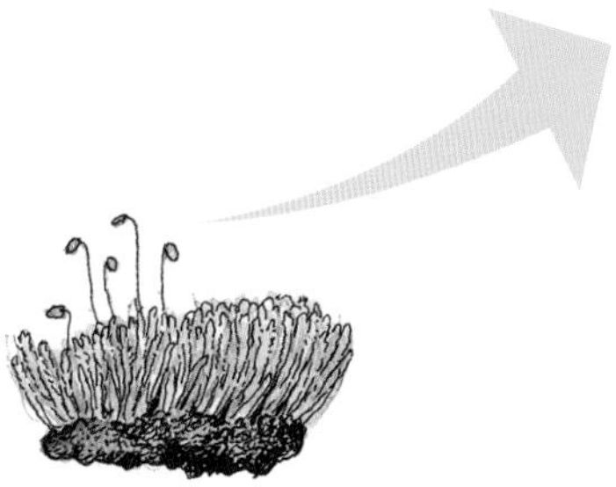

土壤中的迷你生物

线形动物，肉眼看上去像是连 1 毫米都不到的“圆柱形虫子”，然而却接过了微生物的接力棒被委以重任。蚯蚓、跳虫、甲螨、独角仙和金龟子……被这些动物弄碎的落叶和草会进一步被线形动物分解。虽然有的线形动物会“欺负”农作物，但大部分都很老实。在富饶的土地上，住着数不清的线形动物。它们体型虽然很小，但都在勤勤恳恳地工作。

杂木林里的“艺术家”

真菌是回收利用达人，擅于从落叶、倒伏的树木和动物尸体中获取营养，然后让这些废物腐烂，生成便于植物利用的土壤。如果没有真菌的工作，杂木林的土壤制作就无法完成。它们遍布全世界，种类繁多，不能自行制造养分。真菌有着各种造型和颜色，茶碗状、卵圆形、伞形、碟形，红色、黄色、紫色……简直就是森林里的艺术家。

生命的宝箱

土壤里的生命发芽、生根、扎根。地面下生物们的活动，将成为孕育生命的力量。只要有营养丰富的土壤，小树苗也能长大，然后会在某个时候，成长为壮观的杂木林。树木开花、结果、吸引虫子、招引鸟儿。土地和杂木林休戚相关。土壤里的小生命一代又一代在杂木林里繁衍生息。

土壤的循环

麻栎和枹栎，朴树和榉树……杂木林里落叶飞舞。土壤里的生物接受了落叶馈赠，马不停蹄地埋头工作。虽然生物会被更强者吃掉，但也同样有意义：生物的残体归还土壤，在微生物的作用下，生物残体被分解，释放出新的养分，而养分再次被生物所吸收。只有不同“工种”的各种生物齐心协力，才能造出营养丰富的土壤。

几年，几十年，不停地往复循环。所以我们说，土地是有生命力的。生命共同携手，守护着富饶的杂木林。

版权贸易合同登记号　图字：01-2022-1807

图书在版编目（CIP）数据

盛口满　大自然太有趣啦. 土壤之中有什么? /（日）谷本雄治著；（日）盛口满绘；郭昱译. --北京：电子工业出版社，2022.8
ISBN 978-7-121-43510-2

Ⅰ. ①盛…　Ⅱ. ①谷…　②盛…　③郭…　Ⅲ. ①自然科学－少儿读物　Ⅳ. ①N49

中国版本图书馆CIP数据核字（2022）第088403号

责任编辑：苏　琪
印　　刷：北京利丰雅高长城印刷有限公司
装　　订：北京利丰雅高长城印刷有限公司
出版发行：电子工业出版社
　　　　　北京市海淀区万寿路173信箱　邮编：100036
开　　本：889×1194　1/16　　印张：8　字数：68千字
版　　次：2022年8月第1版
印　　次：2023年7月第3次印刷
定　　价：159.00元（全4册）

凡所购买电子工业出版社图书有缺损问题，请向购买书店调换。
若书店售缺，请与本社发行部联系，联系及邮购电话：（010）88254888，88258888。
质量投诉请发邮件至zlts@phei.com.cn，盗版侵权举报请发邮件至dbqq@phei.com.cn。
本书咨询联系方式：（010）88254161转1882，suq@phei.com.cn。

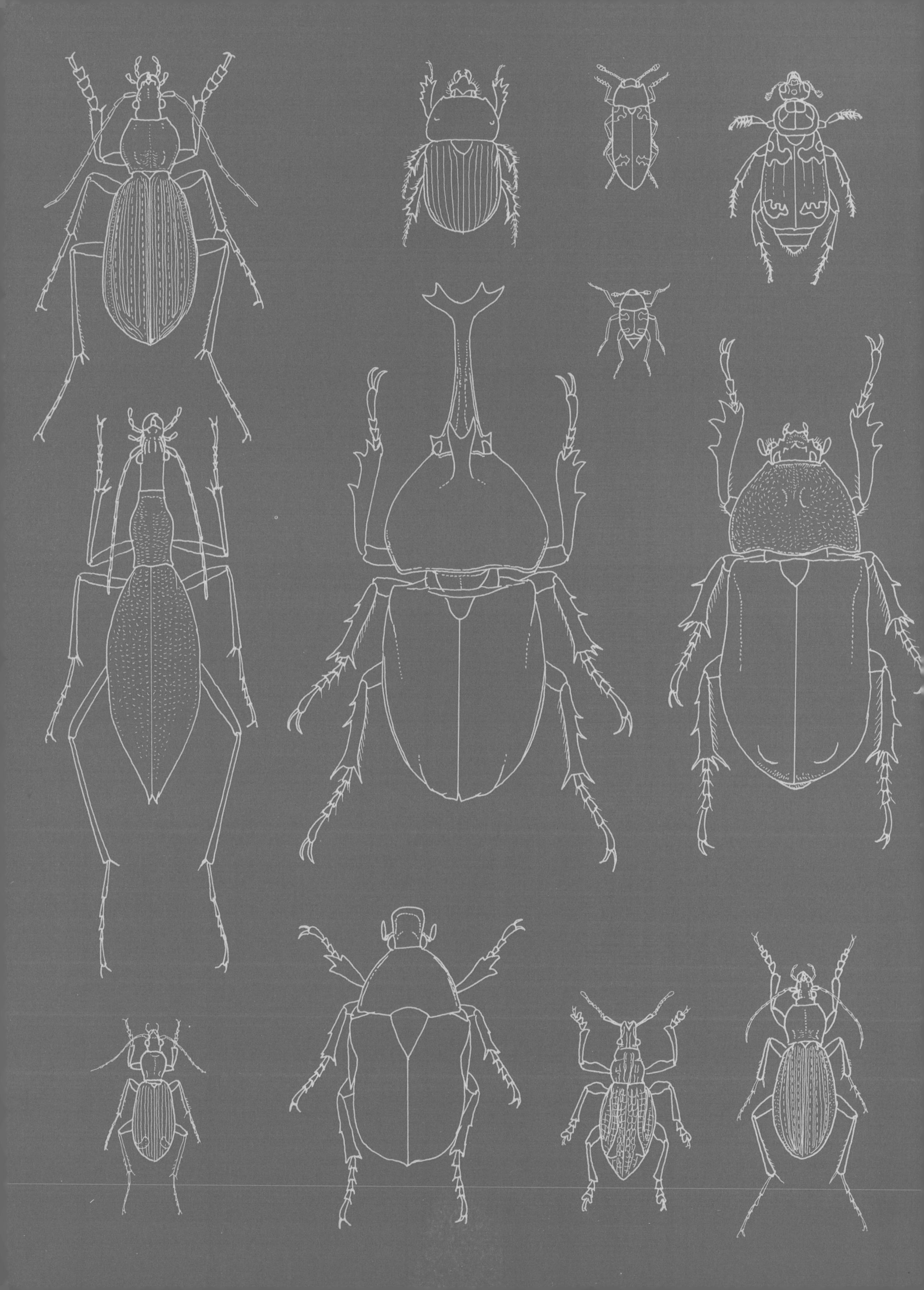